# 반려동물과
# 함께 하는
# 세상 만들기

## ③

# EBS Petedu 반려동물과 함께 하는 세상 만들기 3

2025년 01월 02일 발행

저자        이승진(반려동물종합관리사, KKF 운영위원, EBS 펫에듀 운영 두넷 대표)

발행처      (주)두넷
주소        (02583) 서울시 동대문구 무학로 33길 4 1층
연락처      Tel 02-6215-7045
이메일      ebs-petedu@naver.com

제작 유통    (주)푸른영토
주소        (10402) 경기도 고양시 일산동구 호수로 606 에이동 908호
연락처      Tel 031-925-2327

ISBN  979-11-990559-2-6    73520

값 12,000원

EBS ◐●● Pet edu

# 반려동물과
# 함께 하는
# 세상 만들기

● 이승진 지음

EBS ◐●● 미디어 두넷

안녕하세요!

이 책을 펼쳐 본 여러분, 정말 반갑습니다.

여러분은 혹시 반려동물을 키우고 있나요?

또는 반려동물을 키우고 싶다고 생각해 본 적 있나요?

이 책은 여러분이 반려동물에 대해 더 잘 이해하고,

행복하게 함께 살아갈 수 있도록 도와주기 위해 만들어졌어요.

반려동물은 우리에게 큰 기쁨과 행복을 주지만,

그들도 우리와 마찬가지로 많은 사랑과 돌봄이 필요해요.

이 교재를 통해 여러분은 반려동물의 필요를 이해하고,

그들과 어떻게 건강하고 행복한 관계를 맺

을 수 있을지 배울 수 있을 거예요.

함께 배우고,

반려동물 친구들과

더 행복한 시간을 만들어봐요!

## 목차

 **PART 4　짖으면 시끄러워요**

 **PART 5　반려동물은 왜 씻어줘야하지?**

 **PART 6　반려동물은 어떻게 미용을 할까?**

# PART 1

# 친구와 함께 걸어요

산책

# 생각 열기

집에서 아주 오랜 시간 있다가 밖으로 나와서 놀면 어떤 기분이
드나요?

반려동물에게는 산책이 필수적이에요!

_____

_____

_____

_____

_____

_____

## 반려동물에게 산책의 중요성에 대해 알아보아요.

\* 반려견을 중심으로 배워보아요.

### 신체 건강

산책은 반려견의 신체 건강을 유지하는 데 매우 중요해요. 산책을 통해 운동을 하면 반려견의 근육이 튼튼해지고, 특히 비만을 예방할 수 있어요.

### 정신 건강

산책은 반려견의 정신 건강에도 좋아요. 새로운 환경을 탐색하고 다양한 냄새를 맡으며 실내에만 있을 때 받았던 많은 스트레스를 해소할 수 있어요.

### 사회화

산책을 통해 다른 사람이나 동물을 만날 수 있어요. 이를 통해 반려견이 사회성을 기르고, 다른 강아지와 잘 어울릴 수 있게 돼요.

### 관계 강화

함께 산책을 하며 주인과 반려견 사이의 유대감이 강해져요. 많은 시간을 함께 보내며 친밀감과 신뢰가 쌓이게 됩니다.

## 배우기 2

반려동물과 산책할 때 주의할 점을 알아보아요.
* 반려견을 중심으로 배워보아요.

**기본 준비**

▶ 산책 전에 목줄과 하네스를 잘 착용해 주세요. 목줄이 반려견의 목에 너무 꽉 끼지 않도록 주의해야해요.
▶ 적절한 산책 시간을 선택하세요. 너무 덥거나 추운 시간은 피하는 것이 좋아요.
▶ 나가기 전 배변 봉투를 챙기는 것도 잊으면 안돼요.

**산책 중 주의사항**

▶ 산책 중에는 반려견이 무리하지 않도록 주의해야해요. 반려견의 상태를 자주 확인하며 천천히 걸어요.
▶ 반려견이 다른 사람이나 동물을 만날 때는 주의 깊게 관찰하고, 갑작스러운 행동을 하지 않도록 지도해 주세요.

**리드 사용법**

▶ 산책 중에는 리드를 느슨하게 유지하여 반려견이 자유롭게 걸을 수 있게 해주세요. 하지만 필요할 때는 리드를 짧게 잡아 통제할 수 있어야 해요.
▶ 리드를 너무 세게 당기지 않도록 주의하고, 반려견이 주인의 보폭에 맞춰 걸을 수 있게 해야해요.

## 반려동물과 산책할 때 주의할 점을 알아보아요.
\* 반려견을 중심으로 배워보아요.

**도로 및 교통**

▶ 도로를 건널 때는 항상 반려견을 가까이 두고, 주변 차량을 주의 깊게 살펴야 해요.
▶ 반려견이 갑자기 도로로 뛰어나가지 않도록 리드를 반드시 잘 잡아주세요.

**환경 확인**

▶ 산책 경로에 위험한 물건이나 독이 있는 식물이 없는지 확인해 주세요.
▶ 특히 여름철에는 뜨거운 아스팔트가 반려견의 발을 다치게 할 수 있으니 주의해야해요.

**식별 태그**

▶ 반려견에게 항상 식별 태그를 달아주세요. 식별 태그에는 주인과 연락할 수 있는 연락처가 반드시 있어야 해요. 만약 반려견이 길을 잃었을 때 쉽게 찾을 수 있어요.

# 활동하기

본인이 반려동물의 훈련사가 되었다고 상상해보아요. 반려동물을 대상으로 본인이 사는 동네나 학교 근처의 안전한 산책 코스를 작성해보아요.

\* 반려견으로 가정

<_____의 산책일지>

## 1. 산책 코스를 간단하게 지도로 그려보아요.

## 2. 위와 같이 산책 코스를 결정한 이유가 무엇인가요?

오늘 배운 내용을 바탕으로 알맞은 내용을 연결해 보아요.

리드를 너무 세게 당기지 않도록 주의하고, 반려견이 주인의 보폭에 맞춰 걸을 수 있게 해야해요.

환경 확인

산책 경로에 위험한 물건이나 독이 있는 식물이 없는지 확인해 주세요.

리드 사용법

만약 반려견이 길을 잃었을 때 쉽게 찾을 수 있어요.

식별 태그

# 더 알아보기

## 멋진 수염을 가진 슈나우저

슈나우저는 멋진 수염과 눈썹을 가진 독특한 외모로 많은 사람들에게 사랑받는 친구예요. 옛날부터 농장에서 쥐를 잡거나 경비견으로 활동했어요. 슈나우저는 미니어처 슈나우저, 스탠다드 슈나우저, 자이언트 슈나우저의 세 가지 크기로 나뉘어요. 슈나우저는 똑똑하고 활발한 성격을 가지고 있어요. 매우 충성스럽고 용감하며, 가족을 보호하려는 본능이 강해요. 또한, 슈나우저는 훈련을 잘 받는 친구예요. 똑똑하고 학습 능력이 뛰어나서 다양한 명령을 빠르게 배우고 수행할 수 있어요. 또한, 보호 본능이 강해서 경비견으로도 훌륭해요. 하지만, 이 본능 때문에 사회화 훈련이 중요해요. 멋진 수염과 눈썹을 가진 슈나우저는 주인에게 많은 사랑을 줄 거예요.

# PART 2

# 푸바오도 같이한 훈련법은?

## 클리커 훈련

# 생각 열기

본인이 반려동물을 훈련시키는 모습을 그려봐요.
무엇을 사용해서 어떻게 훈련시키고 있나요?

_____

_____

_____

_____

_____

_____

# 배우기 1

## 클리커 훈련에 대해 알아보아요.

클리커 훈련이란?
클리커란 짧고 집중되는 소리를 내는 도구예요. 누르면 '딸깍'
소리가 나요. 주인이 원하는 행동을 했을 때 클리커를 누르고
보상을 주는 긍정강화 훈련을 할 수 있어요.

## 어떻게 클리커 훈련을 할 수 있을까요?

### '딸깍' 소리와 보상 연결하기

처음에는 클릭 소리와 보상을 연결해야 해요. 반려동물이 클릭 소리를
들으면 보상이 온다는 것을 알아야 하니까요.
클릭 소리를 낸 후 바로 간식을 줍니다. 반복하다 보면 클릭 소리만 들
어도 보상이 온다는 걸 알게 돼요.

### 올바른 행동을 할 때 클릭하기

반려동물이 원하는 행동을 할 때마다 클릭 소리를 내고, 바로 보상을 줘
야해요.
예를 들어, 반려견이 앉았을 때 '클릭' 소리를 내고 간식을 줍니다. 이렇
게 하면 반려견은 앉으면 보상을 받을 수 있다는 것을 배우게 돼요.

## 클리커 훈련 시 주의사항을 알아보아요.

**일관성 유지**

▶ 훈련할 때는 항상 일관성이 중요해요.
▶ 같은 행동에 항상 같은 클릭과 보상이 따라야 해요.
▶ 반려동물이 혼란스러워하지 않도록 정확한 훈련이 필요해요.

**부정적 강화 금지**

▶ 클리커 훈련은 긍정적인 방식으로만 해야 해요.
▶ 반려동물을 혼내거나 부정적으로 대하는 것은 훈련에 도움이 되지 않아요.

**과도한 훈련 금지**

▶ 반려동물에게 너무 오랜 시간 훈련을 시키면 스트레스를 받을 수 있어요. 짧고 자주 훈련을 반복하는 것이 중요합니다.

**보상 관리**

▶ 보상은 간식뿐만 아니라 칭찬이나 놀이도 될 수 있어요.
▶ 다만, 간식은 너무 많이 주면 건강에 안 좋으니 적절하게 조절해야 해요.

# 활동하기

본인이 반려동물의 훈련사가 되었다고 상상해보아요. 반려동물을 대상으로 어떠한 행동을 했을 때, 어떠한 보상을 주고 싶은지 3개씩 생각해보아요.

\* 반려견으로 가정

< _____의 훈련일지>

🐾 **훈련시키고 싶은 행동 1**

🐟 **보상**

🐾 **훈련시키고 싶은 행동 2**

🐟 **보상**

🐾 **훈련시키고 싶은 행동 3**

🐟 **보상**

오늘 배운 클리커 훈련 시 주의사항을 바탕으로 알맞은 내용을 연결해 보아요.

반려동물을 혼내거나
부정적으로 대하는 것은 훈련에
도움이 되지 않아요.

부정적
강화 금지

간식은 너무 많이 주면
건강에 안 좋으니
적절하게 조절해야 해요.

일관성 유지

같은 행동에
항상 같은 클릭과 보상이
따라야 해요.

보상 관리

## 더 알아보기

### 어디를 보고있니? 베들링턴 테리어

베들링턴 테리어는 독특한 외모 덕분에 한눈에 알아볼 수 있는 견종이에요. 마치 양처럼 생긴 귀여운 모습이 특징이죠. 베들링턴 테리어는 19세기 영국의 베들링턴 마을에서 유래했어요. 원래는 사냥견으로 사용되었는데, 특히 쥐와 같은 작은 동물을 사냥하는 데 능했어요. 다른 테리어들과 마찬가지로 용감하고 빠르며, 에너지가 넘치는 견종이에요.

베들링턴 테리어는 매우 활발한 견종이라 매일 충분한 운동이 필요해요. 산책은 물론이고, 놀이를 통해 에너지를 발산해야 해요. 또한 똑똑해서 두뇌를 자극하는 장난감이나 훈련을 통해 정신적인 자극도 함께 해주면 좋아요.

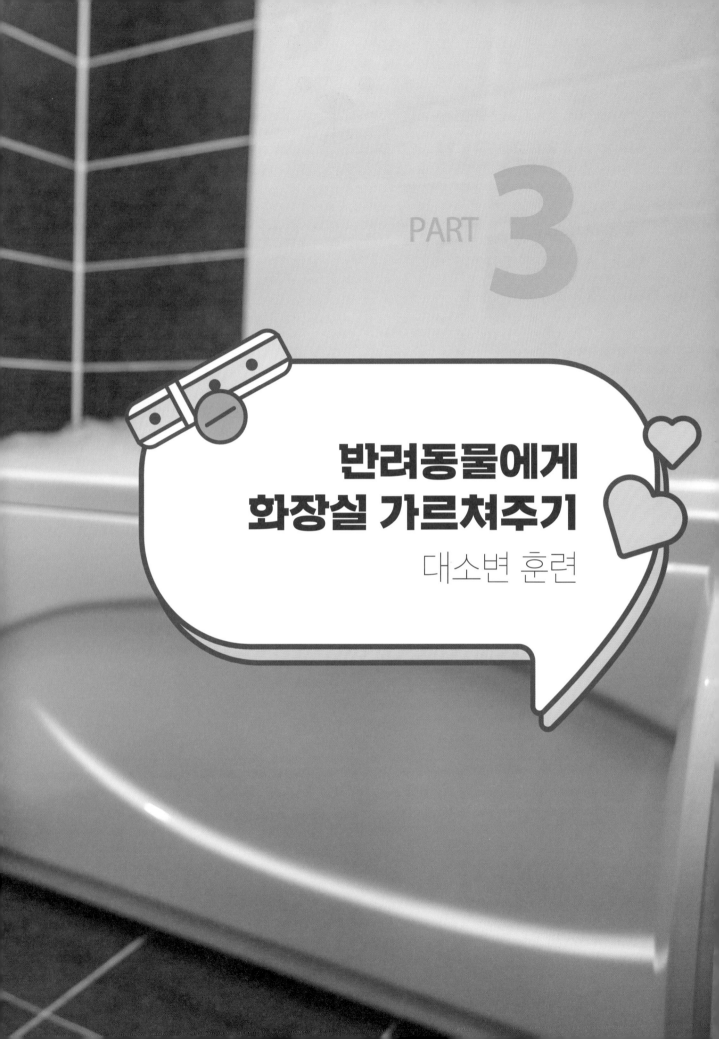

# PART 3

# 반려동물에게
# 화장실 가르쳐주기

## 대소변 훈련

## 생각 열기

반려동물에게 대소변을 어디에서 처리해야하는지 알려주려면 어떻게 해야할까요?

# 배우기 1

## 대소변 훈련에 대해 알아보아요.

대소변 훈련이란?
반려동물이 정해진 장소에서 대소변을 볼 수 있도록 훈련하는 것을 의미해요. 반려동물은 본능적으로 깨끗한 환경을 유지하려고 하기에 올바른 방법을 사용하면 쉽게 훈련할 수 있어요.

## 어떻게 대소변 훈련을 할 수 있을까요?

### 1. 정해진 장소 지정하기

배변 패드나 특정 장소를 정해주고, 반려동물이 그곳에서만 대소변을 보도록 유도해요.

### 2. 긍정적 강화

올바른 장소에서 대소변을 봤을 때 칭찬하거나 간식을 주며 보상해요.

### 3. 일정한 시간과 패턴 유지

일정한 시간에 화장실을 가도록 훈련함으로써 반려동물이 습관을 형성할 수 있게 해요.

대소변 훈련은 반려동물의 생활 환경을 깨끗하게 유지하고, 집안 위생에도 도움이 돼요. 훈련은 항상 일관성을 유지해야 하며, 가정 내에서 훈련 방식이 동일해야 해요.

## 연령에 따른 배변 습관을 알아보아요.

\* 반려견으로 가정

**생후 8~16주**

2시간에 한번씩 화장실을 가야하므로 배변 훈련을 하기에 가장 좋은 시기예요.

**생후 16주**

소변을 최대 4시간까지 참을 수 있어 화장실을 가는 횟수가 점차 줄어요.

**생후 4~6개월**

이시기의 반려견은 아직 집중력이 약하고 주의가 산만해요.
호기심이 왕성해 다양한 것에 관심이 많아 볼일을 보게 화장실에 데려다 놓아도 다른 물건에 관심을 쉽게 뺏겨버려

**생후 6~12개월**

성적 성장으로 수컷은 한쪽 다리를 들고 소변을 보며 암컷은 앉은 자세로 소변을 봐요.
소변을 보는 주기는 보통 7~8시간이에요.

**생후 12~24개월**

아직은 완전히 성장하지 않은 시기로, 어렸을 때부터 꾸준히 배변 훈련을 해오는 것이 가장 좋으나 그렇지 못했더라도 충분히 훈련을 시도해볼 수 있어요.
그러나 이미 나쁜 버릇이 든 성견의 배변훈련은 어렸을 때보다 더 많은 노력이 필요해요.

## 활동하기

본인이 반려동물의 훈련사가 되었다고 상상해보아요. 반려동물을 대상으로 대소변 훈련을 어떻게 진행하고 싶은지 훈련일지를 써봐요.

\* 반려견으로 가정

<_____의 훈련일지>

| | |
|---|---|
| **화장실 장소** | |
| **성공시 줄 보상** | |
| **실패시 할 행동** | |
| **진행할 시간대** | |

오늘 배운 연령에 따른 배변 습관을 바탕으로 알맞은 내용을 연결해 보아요.

완전히 성장하지 않은 시기로, 어렸을 때부터 훈련을 하지 못했더라도 충분히 시도해볼 수 있어요.

생후
6~12개월

성적 성장으로 수컷은 한쪽 다리를 들고 소변을 보며 암컷은 앉은 자세로 소변을 봐요.

생후
12~24개월

소변을 보는 주기는 보통 7~8시간이에요.

## 더 알아보기

### 엄살쟁이 시바견

시바견은 일본에서 유래한 작은 크기의 귀여운 반려견이에요. 하지만 이 귀여운 친구는 때때로 "엄살쟁이"라는 별명으로 불리곤 해요. 왜냐하면 시바견은 조금만 아프거나 싫은 상황에 처하면 엄살을 부리거나 과장된 반응을 보이기도 하거든요. 아주 귀엽죠? 시바견은 매우 독립적인 성격을 가지고 있어요. 다른 반려견들에 비해 혼자서도 잘 지내는 편이지만, 가족에게는 무척 충성스럽답니다. 자기만의 시간을 즐기지만, 주인과의 유대감은 아주 강해요. 활발한 성격을 가지고 있어 규칙적인 운동이 필요해요. 매일 산책을 하거나 뛰어노는 시간을 가져야 하며, 몸을 움직이는 활동분만 아니라 정신적인 자극도 많이 필요해요.

PART **4**

# 짖으면 시끄러워요
짖기 훈련

## 생각 열기

반려견이 짖는 이유에는 무엇이 있을까요?
반려견이 때와 장소를 가리지 않고 계속 짖는다면 어떻게 해야
할까요?

## 배우기 1

**반려견의 짖음에 대해 알아보아요.**

### 반려견이 짖는 이유

- 경고: 낯선 사람이나 소리가 들릴 때 경고하기 위해
- 흥분: 산책을 하거나 놀이할 때 흥분해서
- 주의 끌기: 관심이 필요할 때 주인의 주목을 끌려고
- 불안: 두려움이나 불안감을 느낄 때
- 습관: 특정 상황에서 자주 짖으면 습관적으로 반복

### 짖음 통제 훈련 방법

**1 긍정적 강화**
조용할 때 칭찬이나 간식으로 보상해 반려동물이 침착한 행동을 기억하게 해요.

**2 '짖지 마' 명령어 사용하기**
반려동물이 짖을 때, 단호하게 '짖지 마' 또는 '쉿'과 같은 명령어를 사용해요.

**3 짖음을 유도하는 원인 해결**
낯선 사람, 소리, 다른 동물 등에 대한 불안이나 흥분을 다스리는 방법을 찾아서 해결해요.

**4 분산 주의법**
짖는 상황에서 주의가 산만해지도록 장난감이나 간식을 주어 집중을 다른 곳으로 돌려요.

## 반려견의 짖음에 대해 알아보아요.

### 짖음 통제 훈련의 중요성

**1 과도한 짖음이 유발하는 문제**

이웃 간의 불편, 반려동물의 스트레스, 집안의 소음 등이 있어요.

**2 훈련의 필요성**

짖는 행동을 적절히 통제하면 반려동물도 더 편안하게 생활할 수 있어요.
가족과 반려동물이 모두 조화롭게 살기 위한 필수적인 훈련이에요.

### 주의 사항

**1 짧은 시간 동안 조용히 있으면 보상하기**

짖지 않는 행동을 칭찬하며 시간을 점차 늘리는게 좋아요. 주기적으로 훈련을 반복해요.

**2 무시하기 훈련**

관심을 끌기 위해 짖는 경우, 반응하지 않고 무시함으로써 부적절한 행동을 줄이는게 좋아요.

**3 부정적인 훈련 방법 피하기**

물리적인 처벌이나 무리한 억제는 반려동물에게 스트레스를 주므로 하면 안돼요. 긍정적 강화가 훨씬 효과적이에요.

# 활동하기 1

본인이 기르는 반려견이 자꾸만 짖어 이웃주민분들께 피해를 끼쳤어요. 이럴 때 어떻게 해결할 수 있을지 반려견에게 할 행동, 이웃주민분께 할 행동을 생각해보아요.

\* 반려견으로 가정

<_____의 산책일지>

어떻게 훈련시킬건지 자세히 적으면 좋아요.

본인이 기르는 반려견이 자꾸만 짖어 이웃주민분들께 피해를 끼쳤어요. 이럴 때 어떻게 해결할 수 있을지 반려견에게 할 행동, 이웃주민분께 할 행동을 생각해보아요.

🐾 이웃주민분들께 쓸 편지

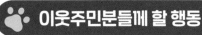 이웃주민분들께 할 행동

# 정리하기

오늘 배운 내용을 바탕으로 문제를 풀어보아요.

### 🐾 문제 1

반려견 짖음 통제 훈련 방법으로 옳지 않은 것은?

1. 긍정적 강화
2. 짖음을 유도하는 트리거 제거하기
3. 올바른 명령어 사용하기
4. 부정적 강화
5. 집중을 다른 곳으로 분산시키기

### 🐾 문제 2

반려견이 너무 많이 짖어 이웃주민분들께 피해를 끼쳤어요. 이때 해야할 행동으로 옳은 것은?

1. 반려견이 그만 짖을 때까지 그냥 기다리기
2. 이웃주민분께 죄송하다고 사과하고, 반려견 짖음 통제 훈련을 시작하기
3. 우리 반려견은 짖는 것도 귀여우니 같이 짖기
4. 반려견이 짖지 못하게 아주 크게 혼내기

## 똑똑한 푸들

푸들은 전 세계에서 가장 똑똑한 개로 유명해요. 귀여운 외모뿐만 아니라 놀라울 정도로 영리한 성격 덕분에 많은 사람들이 사랑해요. 푸들은 독일에서 사냥견으로 처음 길러졌어요. 특히 물에서 사냥을 도와줬어요. 그래서 푸들의 이름도 독일어 "Pudel"에서 유래했는데, 이는 "물에서 튀기다"라는 뜻이에요. 푸들은 물속에서도 잘 활동할 수 있도록 털이 잘 말려 있고, 수영도 정말 잘 한답니다! 푸들은 토이, 미니어처, 스탠다드 이렇게 세 가지 크기로 나뉘어요. 작은 토이 푸들부터 큰 스탠다드 푸들까지, 크기는 다르지만 모두 비슷한 특징을 가지고 있어요. 매우 활동적인 푸들은 놀이나 운동을 좋아하고, 주인과 함께하는 시간을 소중히 여기는 사랑스러운 친구랍니다.

PART 5

반려동물은
왜 씻어줘야하지?

동물의 목욕

# 생각 열기

반려동물의 목욕과 사람의 목욕은 어떤 점이 비슷하고 어떤 점이 다를까요?

🐟 공통점

_____

_____

_____

_____

_____

_____

차이점

## 배우기 1

반려동물의 목욕에 대해 알아보아요.
반려동물의 목욕은 크게 4단계로 나뉘어요.

### 1. 브러싱

반려동물의 털은 매일 조금씩 빠지고 새털이 자라나요. 이때, 빠진 털을 제거하지 않고 그대로 두면 다른 털과 엉티고 뭉치기 때문에 꼭 브러싱을 해줘야합니다.

**브러싱의 효과**

❶ 혈액순환이 잘 되고 피부의 각질을 제거해요.

❷ 피부병과 기생충을 예방해요.

❸ 건강하고 윤기있는 털을 유지하게 해요.

**브러싱 횟수**

매일 하는 것이 바람직하지만, 올바른 도구와 방법을 사용한다면 일주일에 3번도 괜찮답니다.

**브러싱 방법**

❶ 그루밍 전, 피부의 상태를 보고 상처, 혹, 종기 등이 없는지 살펴요.

❷ 엉킨 털이 있으면 손가락으로 찢는 것처럼 조금씩 풀어줘요.

❸ 골반, 귀, 겨드랑이를 주의하며 조심히 빗질해줘요.

## 반려동물의 목욕에 대해 알아보아요

### 2. 샴푸

브러싱이 끝나면,
이제 샴푸로 반려동물의 털과 피부를 깨끗이 씻어줘야해요.

먼저, 미지근한 물로 반려동물의 털을 충분히 적셔주세요. 샴푸를 직접 털에 바르지 말고, 물에 풀어서 거품을 낸 후에 사용하면 더 고르게 도포할 수 있어요.

목욕 중에 샴푸가 눈이나 귀에 들어가지 않도록 주의해야 해요. 반려동물이 샴푸를 핥지 않도록 손이나 수건으로 조심스럽게 막아주세요.

샴푸는 꼼꼼하게 헹구어야 하고, 헹구는 과정이 충분하지 않으면 피부에 자극이 될 수 있으니 깨끗이 씻어내야 해요

# 배우기 3

## 반려동물의 목욕에 대해 알아보아요.

### 3. 린스

샴푸 후에는 린스를 사용해서
털을 부드럽게 만들어줘요

린스는 털을 보호하고, 엉키지 않도록 도와주는 역할을 해요.

샴푸처럼 린스도 물에 섞어서 사용하면 좋고, 털에 고르게 발라주세요. 특히 긴 털을 가진 반려동물은 린스를 잘 사용하면 빗질하기 쉬워져요.

린스를 사용할 때도 눈과 입에 들어가지 않도록 주의하고, 충분히 헹궈줘야 해요. 남은 린스가 피부에 남아 있으면 간지러움이나 피부 문제가 생길 수 있으니 깨끗하게 씻어주는 것이 중요해요.

## 반려동물의 목욕에 대해 알아보아요.

### 4. 드라이

린스를 모두 헹궈낸 후에는
물기를 제거하기 위해 드라이를 해줘야 해요.

먼저, 수건으로 반려동물의 털을 꾹꾹 눌러 물기를 최대한 흡수해주세요. 드라이기 사용 시에는 따뜻한 바람을 약하게 설정하고, 반려동물이 놀라지 않도록 조금씩 바람을 쐬어줘요.

드라이기를 피부에 너무 가까이 대면 뜨거워서 화상을 입을 수 있으니 주의가 필요해요. 털이 엉키지 않도록 손이나 빗을 사용해서 천천히 털을 말려주세요.

드라이가 끝나면 다시 한 번 전체적으로 빗질을 해주어 털의 상태를 확인하고, 반려동물이 편안한 상태인지 확인해주세요.

# 활동하기

오늘 학습한 내용을 바탕으로 반려동물의 목욕 순서와 과정을
계획해보아요.

**목욕 시킬 반려동물의 종류:**

**반려동물의 이름:**

**목욕을 위해 필요한 준비물 :**

**목욕 순서**

> 1.

> 2.

> 3.

> 4.

반려동물의 목욕 순서를 나타내는 그림을 그려보아요.

1.

2.

3.

4.

# 정리하기

오늘 배운내용을 바탕으로 **OX** 퀴즈를 풀어보아요.

 **문제 1 : 브러싱**

브러싱은 털의 엉킴을 풀어주고, 혈액순환을 도와주는 역할을 한다.

O X

 **문제 2 : 샴푸**

샴푸가 눈이나 귀에 들어가도 괜찮다.

O X

 **문제 3 : 린스**

린스를 사용하면 반려동물의 털이 부드러워지고 엉킴이 줄어든다.

O X

 **문제 4 : 드라이**

드라이기 사용 후에는 빗질을 해주는 것이 좋다.

O X

## 작고 귀여운 친구, 치와와

치와와는 작은 강아지 품종이에요. 키가 약 15~23cm 정도로 작고, 몸무게는 1~3kg 정도로 가벼워요.

귀가 크고 눈이 동그랗고 커서 귀여운 모습을 하고 있어요. 털은 짧고 매끈한 단모종과 길고 부드러운 장모종으로 나뉘어요. 치와와는 아주 활발하고 용감한 성격을 가지고 있어서 작은 몸집에도 불구하고 자신감이 넘쳐요.

하지만 낯을 가리기도 해서 처음 보는 사람에게는 경계심을 보일 수 있어요. 그래도 가족이나 주인에게는 애정이 넘치고, 장난치기를 좋아해요. 작아서 집에서도 키우기 좋지만, 그만큼 많은 관심과 사랑이 필요해요.

PART **6**

반려동물은
어떻게 미용을 할까?
반려동물의 미용 도구

# 생각 열기

반려동물의 미용과 사람의 미용은 어떤 점이 비슷하고 어떤 점이 다를까요?

 공통점

_____

_____

_____

_____

_____

_____

차이점

_____

_____

_____

_____

_____

_____

_____

## 배우기 1

반려동물의 미용에 대해서 알아보아요.
반려동물은 다양한 도구를 통해 미용을 해요.

### ◇ 슬리커 브러쉬 ◇

슬리커 브러쉬는 얇고 촘촘한 철사로 된 브러쉬로, 특히 털이 길거나 두꺼운 반려동물의 엉킨 털을 풀어주고 죽은 털을 제거하는 데 아주 유용해요.

철사 부분이 구부러져 있어서 털 속 깊은 곳까지 잘 빗어낼 수 있어요. 다만, 피부에 직접 닿으면 자극이 될 수 있으니 너무 강하게 빗지 않도록 주의해야 해요. 털이 긴 반려동물이나 곱슬털을 가진 종에게 잘 맞는 도구예요.

반려동물의 미용에 대해서 알아보아요.
반려동물은 다양한 도구를 통해 미용을 해요.

## 핀 브러쉬

핀 브러쉬는 고무 패드에 금속 핀이 심어져 있는 브러쉬로, 부드럽게 털을 빗어주면서 털의 엉킨 부분을 풀어줘요.

핀이 고무 위에 심어져 있어서 반려동물의 피부에 가볍게 자극을 주며, 털을 매끄럽게 정리하는 데 도움이 돼요. 특히 털이 긴 반려동물이나 곱슬털을 가진 동물들에게 적합하며, 털을 윤기 있고 부드럽게 유지하는 데 좋아요.

# 배우기 3

반려동물의 미용에 대해서 알아보아요.
반려동물은 다양한 도구를 통해 미용을 해요.

## 콤

콤은 금속 또는 플라스틱으로 된 빗으로, 양쪽에 넓은 빗살과 촘촘한 빗살이 있어 다양한 목적으로 사용돼요. 넓은 빗살은 털을 빗으면서 공기를 넣어 털이 더욱 풍성해 보이도록 만들 수 있고, 촘촘한 빗살은 엉킨 털이나 뭉친 부분을 확인하고 정리하는 데 사용돼요.
얼굴이나 귀 주위 같은 민감한 부위를 빗을 때도 유용하며, 세밀하게 털을 관리할 수 있어요.

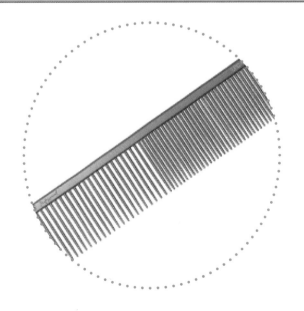

반려동물의 미용에 대해서 알아보아요.
반려동물은 다양한 도구를 통해 미용을 해요.

## 마사지 패드

마사지 패드는 고무 소재로 만들어져 있어서 털을 빗어주는 동시에 피부를 부드럽게 마사지할 수 있는 도구예요. 털을 빗는 과정에서 자연스럽게 피부를 자극해 혈액 순환을 돕고, 피지 분비를 촉진시켜 건강한 피부와 윤기 나는 털을 유지하는 데 도움을 줘요.
특히 반려동물이 빗질에 민감하거나 스트레스를 받는 경우, 이 부드러운 패드가 큰 도움이 될 수 있어요.

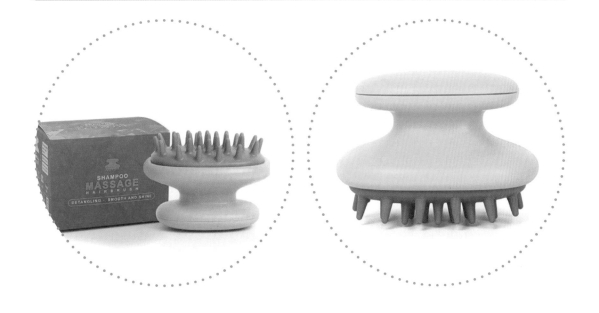

# 배우기 5

반려동물의 미용에 대해서 알아보아요.
반려동물은 다양한 도구를 통해 미용을 해요.

## 눈꼽빗

눈꼽빗은 작고 촘촘한 빗으로, 반려동물의 눈 주위에 생긴 눈꼽이나 작은 이물질을 제거하는 데 사용돼요. 눈 주위는 매우 민감한 부위라서 일반 빗으로 빗기 어렵기 때문에, 이 작은 빗이 안전하게 눈꼽을 제거하는 데 적합해요.

또한 귀 주위의 작은 먼지나 이물질을 제거할 때도 유용해요.

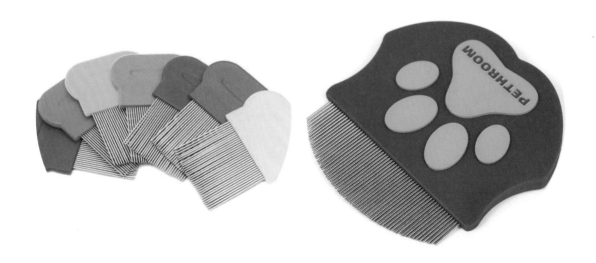

오늘 학습한 내용을 바탕으로 자신이 미용사가 된다면
만들고 싶은 상상의 미용도구를 만들어보아요!

미용도구 소개 그림을 그려보아요.

**1** 상상의 미용도구 이름 :

**2** 상상의 미용도구 기능 :

## 정리하기

**오늘 배운 내용을 바탕으로 빈칸을 채워보세요.**

**1** 슬리커 브러쉬는 얇고 _____ 철사로 된 브러쉬

로, 주로 엉킨 털을 풀어주고 죽은 털을 제거하는 데 사용돼요.

(힌트: 이 브러쉬는 특히 털이 긴 반려동물에게 좋아요!)

**2** 핀 브러쉬는 _____ 패드에 금속 핀이 심어져 있어

피부에 가볍게 자극을 줘요.

(힌트: 부드럽게 털을 빗어줄 때 사용하는 브러쉬예요!)

**3** 콤의 넓은 빗살은 털에 _____를 넣어 풍성하게 만

들고, 촘촘한 빗살은 엉킨 털을 풀어주는 데 사용돼요.

(힌트: 머리를 말릴 때 필요한 것!)

## 부드러운 털과 따뜻한 마음을 가진 친구, 시추

시추는 중국이 원산지인 소형견으로, 독특한 외모와 사랑스러운 성격으로 많은 사랑을 받고 있어요. 이들은 둥글고 평평한 얼굴에 큰 눈을 가지고 있으며 몸 전체를 덮는 풍성한 털이 특징이에요.

시추의 털은 길고 부드러워 꾸준한 관리가 필요하지만 다양한 스타일로 미용할 수 있어 매력을 더해줘요. 성격은 온화하고 다정하며 가족과의 시간을 무엇보다 소중히 여겨요. 시추는 매우 충성스럽고 사람을 좋아해 아이들이나 다른 반려동물과도 잘 어울리는 편이에요. 또한 낯선 사람에게도 비교적 쉽게 마음을 여는 경향이 있어서 사회성이 좋은 반려견이에요. 활발한 성격 덕분에 실내에서도 즐겁게 놀지만 너무 격렬한 운동보다는 산책과 같은 적당한 활동을 즐겨요.